VEGE
N O O D L E S

Contents

西式蔬菜麵

日式蔬菜麵

亞洲式蔬菜麵

蔬菜常備小食

○ 計量單位的 1 大匙＝ 15ml、1 小匙＝ 5ml。

○ 橄欖油一律使用特級初榨橄欖油。

○ 汆燙用的鹽是「伯方鹽」，醃漬、調味、湯品調味則使用「粟國鹽」。每種鹽的鹹淡味不同，請務必試味斟酌用量。

○ 本書並非以治療過敏性疾病為目的的食譜書籍。自覺症狀有異者，請至專業醫療機構接受診察。

VEGETABLE NOODLES

偽麵條料理是將蔬菜切成麵條狀的超級健康麵食！

蔬菜麵條無澱粉，而且低卡＆低醣，

又富含膳食纖維。

透過各種切工或烹調方式，可以享受多樣化的口感，

又極富視覺美感，天天吃也不會膩。

更棒的是迅速就能煮熟，縮短烹調時間。

蔬菜麵的優點不勝枚舉，

請一定要品嚐！

Spaghetti

一般麵條(義大利麵)150g
248 kcal　醣類45.4g

Vegetable Noodles

蔬菜麵(紅蘿蔔麵)150g
54 kcal　醣類9.5g

不小心就少了5公斤！

「蔬菜，可以做成麵條嗎？」「吃起來會跟真的麵食一樣嗎？」
這些想法一直刺激著愛下廚的我。
一直以來，我的蔬菜料理宗旨就是——
「手續盡量不要太繁複，將蔬菜的原有美味及各種口感釋放出來。」

因為這樣的想法，而有了「蔬菜麵」的誕生。
只要將蔬菜切成麵條狀，
就能體驗蔬菜的美味及下廚的樂趣。

我試作、試吃蔬菜麵的期間大約有一個月，
本以為會覺得厭煩，但試行期間卻完全沒有這種想法，
等我察覺時，早已經習慣這種以蔬菜為主的健康飲食生活。

而且，每天陪我試吃的外子竟然因此減掉五公斤！
外子並沒有刻意瘦身，但因為工作關係晚餐總是吃得晚，
我把晚餐換成了蔬菜麵後，好像因此讓他有了意外的收穫，
連我自己也嚇到了。

能夠開開心心地做菜，津津有味地品嚐，
此外不必擔心「肥胖」的可怕效應，天下還有比這更棒的事嗎？
從我開始料理蔬菜麵起，就有一連串的好事發生，
如果我的食譜能讓各位也過著幸福快樂的生活，那就太美好了！

村山由紀子

製作蔬菜麵的便利工具

製作蔬菜麵時,我是使用各式蔬菜切絲器、刨刀、菜刀等工具。只要有一個蔬菜切絲器,製作起來簡單又便利!百貨公司或雜貨舖都能買到,價位在台幣50元至500元之間不等。如果手邊沒有,使用現有的刀具也行。以下介紹本書使用的工具。

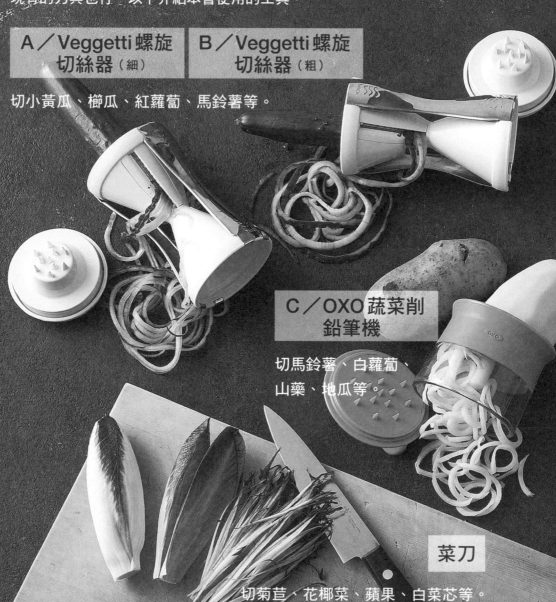

A／Veggetti螺旋切絲器(細) **B／Veggetti螺旋切絲器**(粗)

切小黃瓜、櫛瓜、紅蘿蔔、馬鈴薯等。

C／OXO蔬菜削鉛筆機

切馬鈴薯、白蘿蔔、山藥、地瓜等。

菜刀

切菊苣、花椰菜、蘋果、白菜芯等。

D／Spiralizer螺旋切絲器

切白蘿蔔、大頭菜等。

切片器＋菜刀

切紅蘿蔔、小黃瓜等。

刨刀

切蘆筍、紅蘿蔔、
小黃瓜、白蘿蔔等。

切片器

切洋蔥、杏鮑菇、櫛瓜、
小黃瓜等。

刨絲器

處理青木瓜等。

鋸齒刨刀＋菜刀

處理牛蒡、蘆筍等。

雙手

杏鮑菇、豆芽菜、
南瓜麵線等。

磨泥器

處理蓮藕、馬鈴薯等。

事前必知事項

麵條太長時

使用工具Ａ、Ｂ、Ｃ、Ｄ製成蔬菜麵時，如果太長，請使用廚房剪刀剪成方便食用的長度。

處理容易滑動的蔬菜時

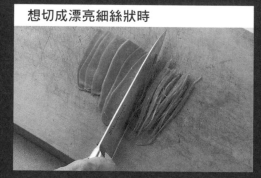

使用Ａ、Ｂ、Ｃ時，蔬菜末端（即手握部分）先不要削皮，蔬菜才不會滑動。

菜刀上場的時機

除了可以切絲以外，要把花椰菜切成小朵狀時，便以菜刀處理。

想切成漂亮細絲狀時

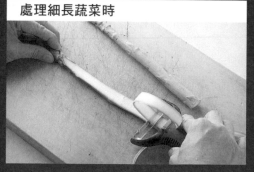

先使用切片器，然後再將蔬菜片斜疊在一起，使用菜刀切絲。

處理細長蔬菜時

將蔬菜平放於砧板上，再使用刨刀固定方向刨成薄片。

剩餘的蔬菜如何處理

使用Ａ、Ｂ、Ｃ、Ｄ製作蔬菜麵時，難免會有剩餘的部分，切塊後可以當作蔬菜湯、味噌湯或咖哩的食材。

西式蔬菜麵

蔬菜麵是使用條狀蔬菜做成的各種造型義大利麵。只要吃了一盤蔬菜麵，各種營養素都攝取到了，保證健康。蔬菜麵口感清爽，調味關鍵在於麵醬，因此一定要仔細調味，才能完成一道美味料理。

Carrot Napolitain
拿波里肉醬紅蘿蔔麵

炒太久口感會變差，務必留意。
麵條變軟時就是熄火的最佳時機！

材料與作法　1人份

紅蘿蔔——150g（約1根）
○使用工具A切成細麵條
德國香腸——2根（60g）
洋蔥——50g（約¼顆）
青椒——1個
橄欖油——1小匙
番茄醬——2大匙
黑胡椒——少許
帕馬森起司粉——適量

1 香腸切成厚0.5公分圓片，洋蔥逆紋切成寬0.2公分條狀，青椒去籽及蒂頭，再切成寬0.5公分中空圓片。

2 倒橄欖油於平底鍋，放入香腸，以中火煎炒至焦黃，再加入洋蔥及紅蘿蔔，拌炒2～3秒。最後加入青椒及番茄醬，拌炒均勻，熄火。

3 盛盤，撒上黑胡椒、帕馬森起司即完成。

Arrange

拿波里肉醬馬鈴薯麵

作法跟「拿波里肉醬紅蘿蔔麵」一樣。把150g的紅蘿蔔換成150g（約1顆）的馬鈴薯（男爵品種），馬鈴薯麵條先水煮，再瀝去水分。作法2的紅蘿蔔換成馬鈴薯即可。

Carrot Noodles with Salmon Cream Sauce

奶油鮭魚紅蘿蔔麵

濃香醇的奶油讓口感更豐富，
如果材料是鹽漬鮭魚，本身就有鹹味，加鹽調味時要仔細斟酌。

材料與作法　1人份

紅蘿蔔——150g（約1根）

○使用工具 A 切成細麵狀

生鮭魚（或是淡口的鹽漬鮭魚）——50g

鹽、胡椒——各少許

奶油——½ 小匙

白酒（可用料理酒）——2 小匙

鮮奶油——70ml

帕馬森起司粉——1 大匙

蒔蘿葉——3 枝

1 水煮滾後加鹽，快速汆燙紅蘿蔔麵條，瀝淨水分。生鮭魚切成一口大小，以鹽、胡椒醃漬（如果是鹽漬鮭魚，只須以胡椒醃漬）。

2 將奶油放進平底鍋，開火融化後，放入鮭魚，以中火煎 1～2 分鐘，直到表面呈現金黃色。

3 鍋中加入白酒、鮮奶油及帕馬森起司，一直燉煮至呈現濃稠狀。熄火，加鹽調味。

4 麵條盛盤後淋上3，擺蒔蘿葉即完成。

Arrange

奶油鮭魚蘆筍麵

作法跟「奶油鮭魚紅蘿蔔麵」一樣。把150g
紅蘿蔔換成150g蘆筍（約7～8根）。作法1的
紅蘿蔔換成蘆筍，使用刨刀刨薄片，再用加
鹽的滾水汆燙麵條，瀝淨水分後再烹調。

Carrot Noodles with Orange

紅蘿蔔柳橙冷麵

剛出爐的Q彈口感讓人一口接一口。
放置一晚變軟後，宛若美味的醃漬麵。

材料與作法　1人份

A
- 紅蘿蔔—— 150g（約1根）
  - ○ 使用工具C切成麵條
- 柳橙—— 1顆
- 鹽——少許
- 白酒醋—— 1大匙

松子（烘焙過）—— 10g
橄欖油—— 1大匙
細葉香芹—— 3枝

1 柳橙削皮，切成四等分，再切成厚0.5公分的銀杏葉形狀。將材料A倒進鉢碗裡，加入松子及橄欖油後拌勻。

2 將1盛盤，擺細葉香芹裝飾即完成。

Memo

紅蘿蔔富含的膳食纖維有調適腸道狀況、解決便秘的效果，對減肥也有助益，所以紅蘿蔔是非常棒的減肥食材。

Eryngii Mushroom Deperoncino
橄欖油蒜香杏鮑菇麵

將杏鮑菇撕成相同粗細的條狀，
口感就會一致，而且方便食用。

材料與作法　1人份

杏鮑菇——180g（約3根）
○用手撕成細條狀
大蒜——1顆
培根——40g
義大利芹菜葉——3枝
紅辣椒（切圓片）——少許
橄欖油——1又¼大匙
鹽——¼小匙

1 大蒜去芽，切成薄片。培根切成寬1公分薄片。義大利芹菜葉切末。

2 大蒜、紅辣椒、橄欖油放進平底鍋裡，以小火炒香蒜片，變成金黃色後，加入培根，以小火炒香。再加入杏鮑菇拌炒，撒鹽調味。

3 加入義大利芹菜末拌勻，盛盤。

Arrange

橄欖油蒜香馬鈴薯麵

作法跟「橄欖油蒜香杏鮑菇麵」一樣。把180g杏鮑菇換成150g（約1個）馬鈴薯（May Queen品種），使用工具A切成細麵條，以加了鹽的滾水煮熟，再瀝去水分。作法2的杏鮑菇換成馬鈴薯烹調即可。

Eryngii Mushroom Lasagna
杏鮑菇千層麵

杏鮑菇Q彈柔軟的咬勁，宛若手打義大利麵！
將杏鮑菇麵條毫無縫隙地堆疊，營造勻稱的視覺美感。

材料與作法　一個15公分耐熱容器的份量

杏鮑菇——140g（約2～3根）
〇使用菜刀（或切片器）切成縱長絲狀

< 番茄肉醬 >
洋蔥——50g（約¼顆）
紅蘿蔔——30g
芹菜——30g
大蒜——1顆
橄欖油——1大匙
牛絞肉——200g
紅酒——50ml
番茄泥——150g
鹽——1小匙
胡椒——少許
月桂葉——1片
醬油——1小匙

奶油——適量
帕馬森起司粉——4大匙
披薩用起司——60g

Memo

杏鮑菇熱量低（100公克24卡），富含不溶性膳食纖維。這個膳食纖維會吸收水分，增加飽腹感，可以預防攝食過量。

1 製作番茄肉醬。大蒜去芽後切末，洋蔥、紅蘿蔔、芹菜切末備用。

2 倒橄欖油於小鍋子，放入大蒜，以小火炒香，加入洋蔥、紅蘿蔔、芹菜，炒15分鐘。蔬菜變軟後，加入牛絞肉拌炒。絞肉變白色後，注入紅酒，燉煮約2分，加入番茄泥、鹽、胡椒、月桂葉，蓋上鍋蓋，燜煮約15分鐘，最後加醬油調味。

3 耐熱容器內側塗奶油。「鋪上¼份量的杏鮑菇絲→擺上¼份量的2→撒¼份量的帕馬森起司粉」重複四次〔如右下圖〕。

4 擺上披薩用起司，放進已預熱至230℃的烤箱裡，烤20分鐘。

Asparagus Noodles Carbonara
培根蛋蘆筍麵

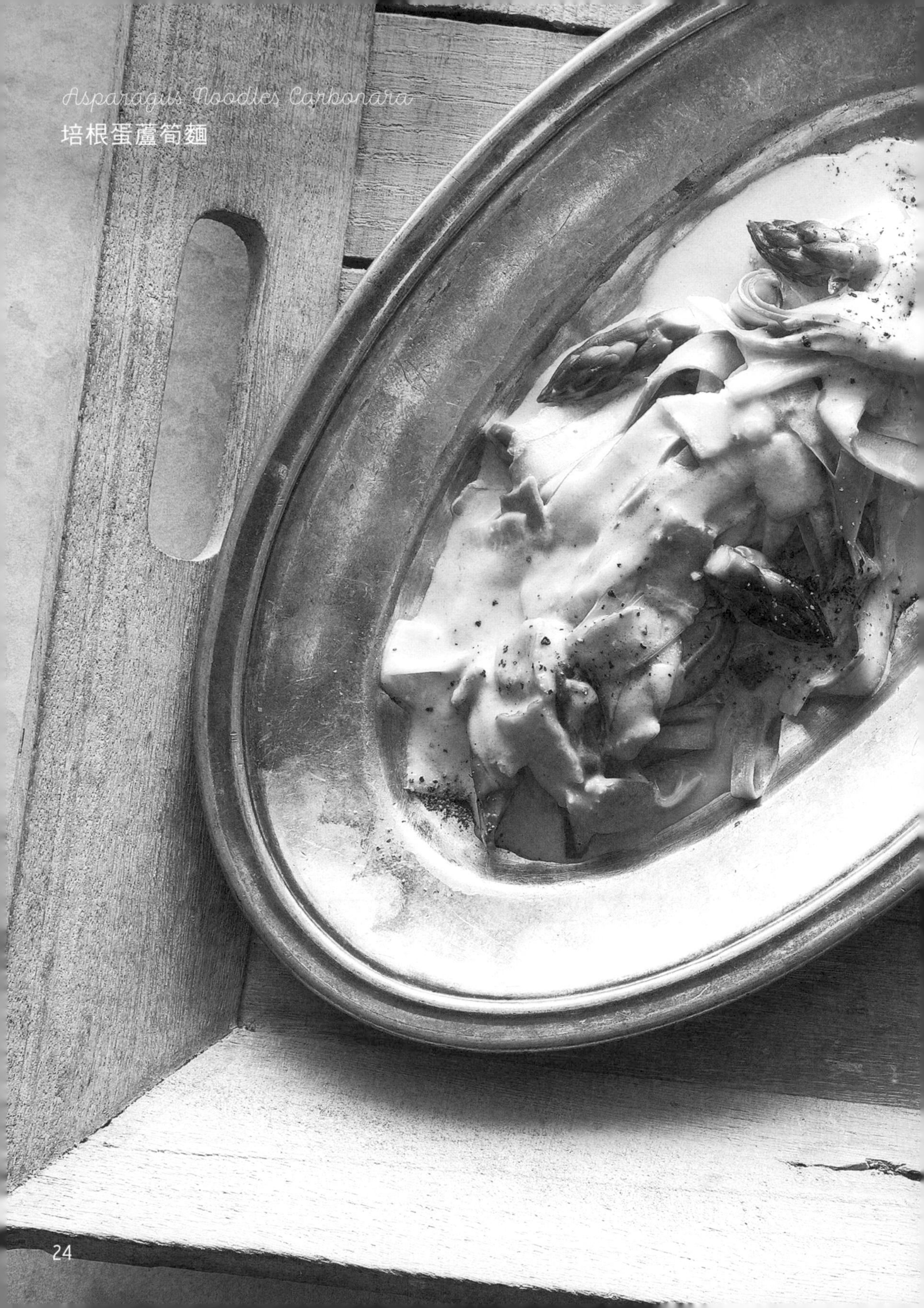

Asparagus with Mushroom Cream Sauce
鮮菇奶油蘆筍麵

Asparagus Noodles Carbonara
培根蛋蘆筍麵

把綠蘆筍做成義大利寬麵料理。
蘆筍寬麵要沾滿鮮奶油，看起來相當澎湃。

材料與作法　1人份

綠蘆筍—— 150g（7～8根）

〇使用刨刀刨成薄片

培根—— 30g

蛋黃—— 1個

鮮奶油—— 50ml

牛奶—— 1大匙

帕馬森起司粉—— 1大匙

橄欖油—— ½小匙

大蒜泥——少許

黑胡椒——少許

1 綠蘆筍麵條使用加了鹽的滾水煮熟，瀝去水分。培根切成寬1公分片狀。

2 蛋黃、鮮奶油、牛奶、帕馬森起司放進缽碗裡拌勻。

3 橄欖油與培根放進平底鍋裡，以小火炒，炒至培根變色後，加入蒜泥，熄火。加入2，利用餘溫拌炒至濃稠狀〔如右下圖〕，再加入蘆筍麵，拌勻。

〇餘溫不足，無法變濃稠的話，以小火加溫。但是加熱過度，醬汁會變乾巴巴。

4 盛盤，撒黑胡椒即完成。

Memo

綠蘆筍所含的蘆丁成分有促進血液循環，改善懼冷症的效果。也富含天門冬醯胺酸，能提高肌膚的新陳代謝作用，改善肌膚保濕效果，具有美肌功效。

Asparagus with Mushroom Cream Sauce
鮮菇奶油蘆筍麵

這次把蘆筍變成筆管麵！
表面是鋸齒狀，更容易沾附飽滿的鮮奶油。

材料與作法　1人份

用銀步刨刀削蘆筍外皮，再斜切成
以加了適量鹽的滾水
分。大蒜去芽，切末。
四等分，鴻喜菇去蒂

放進平底鍋裡，以小火
蒜末炒香，加入鮮香菇
。再加入鮮奶油、帕馬
胡椒，一直燉煮至濃稠

盤，淋上2即完成。

Wayne MakeMyDay Cooking Lab
的口嘻心飛料理實驗室

料理特訓班
地中海料理 & 地中海蔬食
Mediterranean cooking

地中海料理中的地中海飲食法，已連5年蟬聯世界第一飲食法。
以蔬果、堅果、豆科植物為最大比例，配合適量魚、乳製品、紅酒，
再輔以相當少的肉，最符合現代健康飲食的建議，而且料理
多元，適合家庭健康飲食/減肥計畫者/蔬食者。

香辣茄醬牛蒡麵

牛蒡也能透過切法技巧，變成筆管麵。
牛蒡富含膳食纖維，一定能解決便秘問題。

材料與作法　1人份

牛蒡—— 150g（約1根）

○使用鋸齒刨刀和菜刀，切成筆管麵

＜香辣茄醬＞

橄欖油——½大匙

大蒜末——¼顆份量

紅辣椒（圓片）——少許

水煮番茄（罐頭）——½罐（200g）

鹽——½小匙

帕馬森起司粉——視個人喜好

1 使用鋸齒刨刀幫牛蒡削皮，再斜切成長4公分條狀，以加了適量鹽的滾水煮軟，瀝去水分。

2 製作香辣茄醬。放橄欖油、大蒜、紅辣椒於小鍋子裡，以小火炒香後，加入水煮番茄及鹽，將番茄壓碎，煮20分鐘。

3 牛蒡麵加入2裡，再煮約5分鐘。

4 盛盤，視個人喜好撒帕馬森起司粉。

Arrange

香辣茄醬芹菜麵

將「香辣茄醬牛蒡麵」作法1的150g牛蒡換成150g芹菜（約1.5根），使用刨刀縱刨成薄片，使用少許橄欖油攪拌。作法2相同。作法3省略。作法4是芹菜麵盛盤，再淋上作法2的香辣茄醬。

Zucchini Noodles with Green Herb Sauce
香蒜醬拌櫛瓜麵

Zucchini Noodles with Green Herb sauce
香蒜醬拌櫛瓜麵

香濃醬汁將櫛瓜完全裹住，真的像在吃義大利麵。
麵條煮軟一點，吃起來更順口。

材料與作法　1 人份

櫛瓜（綠色、黃色）──各 75g

（若沒有黃櫛瓜，改用 150g 的綠櫛瓜）

○使用工具 B 切成粗麵狀

鹽──少許

魩仔魚── 30g

綠橄欖（無籽）── 5 顆

青醬（參見 P80）── 2 大匙

橄欖油──適量

1 櫛瓜麵條撒鹽拌一下，靜置 3 分鐘出水後，使用廚房紙巾擦乾〔如右下圖〕。橄欖切成圓片。

2 將櫛瓜、魩仔魚、橄欖、青醬放進缽碗裡，拌勻。

3 盛盤，淋橄欖油即完成。

Memo

櫛瓜所含的 β 胡蘿蔔素有抗氧化作用，可以預防皮膚變乾或粗糙，有絕佳美容效果。又富含維生素 C，也能預防肌膚粗糙，預防黑斑或雀斑出現。

Radish Noodles with Botargq

白蘿蔔烏魚子冷麵

兩種顏色的白蘿蔔營造視覺美感，又能提升食慾！
作法簡單，卻可以完整品嚐白蘿蔔的鮮甜滋味。

材料與作法　1 人份

白蘿蔔、紅芯白蘿蔔——各 75g

（選用長條狀，若沒有紅芯白蘿蔔，改用
150g 白蘿蔔）

○使用工具 C 切成麵條狀

鹽——少許

烏魚子—— 15g

○可用鱈魚卵或海膽粒代替。

橄欖油—— 1 大匙

1 盤子裝兩種白蘿蔔麵條，撒鹽〔如右下圖〕。

2 使用起司研磨器將烏魚子磨成細顆粒狀，撒在 1 裡，再淋上橄欖油。

Memo

紅芯白蘿蔔的外側形狀及顏色就跟小而圓的白蘿蔔一樣，一切開才能看出裡面是鮮紅色。這是來自中國的蔬菜，在中國是節慶時分所用的蔬菜。口感微甜帶苦，適合做成沙拉或淺漬醃菜。水分比一般的白蘿蔔少。

Lotus Root Gnocchi with Anchovy Sauce
鯷魚醬蓮藕麵疙瘩

把磨成泥的蓮藕捏成圓球狀油炸，變成麵疙瘩。
很有咬勁，入口以後餘韻猶存。

材料與作法　1人份

蓮藕──300g（約2節）
○使用磨泥器磨泥

太白粉──30～60g
○依照蓮藕泥的狀態調整份量

鹽──½小匙

迷迭香葉（切末）──少許

炸油──適量

鯷魚醬（參見P80）──3大匙

1 蓮藕泥放進缽碗裡，加入太白粉、鹽、迷迭香，拌勻。

　○斟酌加入太白粉，讓蓮藕泥呈現可用湯匙舀起的軟硬度，捏成圓形。

2 倒炸油於平底鍋裡，加熱至（180℃），使用湯匙舀1，一匙一球放進鍋裡油炸3分鐘，直到顏色呈金黃色，取出瀝油。

3 盛盤，淋上鯷魚醬即完成。

Arrange

青醬蓮藕麵疙瘩

作法跟鯷魚醬蓮藕麵疙瘩相同。只要把3大匙鯷魚醬換成3大匙青醬（參見P80）即可。

Clam & Cod Soup Pasta
蛤蜊鱈魚湯麵

馬鈴薯選用不易變形的 May Queen 品種，
快速煮一下即可，保留口感。

材料與作法　1人份

馬鈴薯（May Queen 品種）—— 150g（約1顆）
○使用工具 C 切成麵條狀
鹽漬鱈魚—— 70g
蛤蜊—— 80g
蒜泥——少許
洋蔥末—— 20g
橄欖油—— 1 大匙
白酒（或料理酒）—— 1 大匙
水—— 300ml
百里香——少許
鹽——約 ½ 小匙
胡椒——少許

1　鹽漬鱈魚切成適口大小。

2　將橄欖油和洋蔥末放進小鍋子裡，以小火拌炒，炒至洋蔥變透明後，加入蒜泥和蛤蜊，拌炒一下。

3　加白酒，煮約1分鐘，讓酒精蒸發後，再加入水、百里香、鹽、胡椒。

4　沸騰後等蛤蜊開口後，加入1和馬鈴薯。待鱈魚煮熟後熄火，盛盤。

Arrange

南瓜麵線湯

作法跟「蛤蜊鱈魚湯麵」相同。以150g南瓜麵線（份量約1個）取代馬鈴薯。製作南瓜麵線時，將南瓜兩端切掉，不削皮，再切成厚5公分圓片，去籽及蒂頭。鍋子裝水煮滾後，將南瓜放進鍋裡煮10～15分鐘，泡冷水，從皮朝瓜肉輕輕壓擠成絲（其纖維會形成麵條狀），置於簍子上瀝水。

Cauliflower Risotto

花椰菜燉飯

將花椰菜壓碎成米粒大小。
舀進口中花椰菜的香氣立刻瀰漫整個口腔。

材料與作法　1人份

花椰菜——150g（約⅓株）

○使用菜刀切成小朵形狀

雞高湯——200ml

○取 2 小匙雞高湯粉以 200ml 熱水溶解。

鹽——少許

帕馬森起司粉——1 大匙

咖哩粉——少許

橄欖油——1～2 小匙

1 花椰菜、雞高湯、鹽放進小鍋子裡，蓋上鍋蓋，以小火煮約20分鐘，直到花椰菜變軟。開蓋，使用矽膠鍋鏟將花椰菜壓碎〔如右下圖〕，煮到水分乾後，加入帕馬森起司，熄火。

2 盛盤，撒咖哩粉，淋橄欖油。

Memo

花椰菜又名花菜。富含維生素C，具有抗氧化作用及美肌效果，還可以預防感冒。富含鉀及葉酸，有消除水腫及預防貧血的作用。

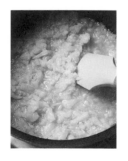

蘿蔔乾絲是將白蘿蔔切成絲再曬乾製成的，非常適合當麵條使用。只要以大量的水浸泡就會回軟，將水分擰乾後就可以開始烹調。

蘿蔔乾絲為食材

咖哩炒麵

材料與作法　1人份

豬里肌肉30g切成適當大小。**紅蘿蔔20g**切成短片狀，**韭菜2根**切成長3公分條狀。將**1小匙香油**倒進平底鍋裡，加熱，放入里肌肉，以小火煎至金黃色。加入紅蘿蔔、**蘿蔔乾絲70g**，拌炒1分鐘，加入**2大匙炒麵醬**及**1小匙咖哩粉**，整個拌勻。盛盤，撒**海苔粉**。

和風梅子麵

材料與作法　1人份

梅子肉1大匙和**2大匙香油**拌勻，**青紫蘇葉1片**切絲。將**蘿蔔乾絲70g**、泡水變軟的**海帶芽20g**及紫蘇葉絲放進缽碗裡，拌勻。

鮪魚沙拉麵

材料與作法　1人份

將**蘿蔔乾絲70g**、瀝去水分的**罐頭鮪魚25g**、**1.5大匙柚子醋醬**、**1小匙橄欖油**、**1枝蒔蘿葉**放進缽碗裡，拌勻後盛盤。

花生花椒麵

材料與作法　1人份

將**1～2小匙辣油**和**1小匙醋**放進缽碗裡，拌勻，再加入**蘿蔔乾絲70g**和**花生7～8顆**，拌勻。盛盤，撒上**少許花椒**，擺**少許紅辣椒絲**裝飾。

日式蔬菜麵

以蔬菜麵取代烏龍麵、蕎麥麵等日式麵類。如果是日式調味，脂肪量會減少，熱量比西式麵食低，保證健康！本單元將介紹讓人食指大動的美味食譜。

白醬牛蒡紅蘿蔔麵

根莖類蔬菜製成的麵條裹上日式奶油醬衣。
在柔順綿滑的口感中又能品嚐到根莖類蔬菜的咬勁。

材料與作法　1人份

牛蒡、紅蘿蔔——各 75g（各約½根）

○使用工具 A 切成細麵狀

辣明太子——50g（約½條）

＜白醬＞

板豆腐——150g（約½塊）

白芝麻——2 大匙

芥花油——2 大匙

玉米糖漿——1 大匙

薄口醬油（*註）——1 小匙

1 牛蒡與紅蘿蔔的麵條先煮熟，瀝去水分。板豆腐置於簍子上，瀝淨水分。

2 製作白醬。將白醬材料放進缽碗裡，攪拌至柔滑狀（可使用攪拌器）。

3 將 1 放進缽碗裡，加入已去皮的明太子拌勻，盛盤。

*註：日本醬油種類多，大致可分為薄口醬油與濃口醬油。薄口醬油又稱淡色醬油，主要用於煮湯，含鹽量高，顏色較淡，適合有醬味但不要有醬色的料理。濃口醬油又稱深色醬油、甜醬油，主要用於燉煮料理等需要入味的料理。

Arrange

白醬鹿尾菜麵

作法跟「白醬牛蒡紅蘿蔔麵」相同。把牛蒡和紅蘿蔔換成 2 袋（約140g）鹿尾菜。作法 1 的牛蒡和紅蘿蔔換成鹿尾菜，汆燙 1 分 30 秒，再泡冷水，瀝淨水分，就可以開始調理。

核桃白醬蘋果菊苣麵

不需要開火就能做好的簡便料理。
白醬可以當成美乃滋替代品,適合保存使用。

材料與作法　1人份

蘋果——250g（約1顆）
菊苣——140g（約1顆）
烘焙過的核桃——50g

＜白醬＞
板豆腐——150g（約½塊）
芥花油——2大匙
醋——1大匙
芥末醬——1大匙
鹽——½小匙

1 蘋果削皮,去芯後切絲。菊苣切絲。板豆腐置於簍子上,瀝去水分。核桃壓碎。

2 製作白醬。將白醬材料全部放進缽碗裡,攪拌至柔滑狀（可使用攪拌器）。〔如右下圖〕

3 將蘋果、菊苣、核桃放進缽碗裡拌勻,盛盤。

Memo

菊苣口感清脆,特徵是略帶苦味,菜葉邊緣有黃色與紅紫色兩種。富含膳食纖維,有排便順暢的效果,可以排出腸道裡的老舊廢物。亦有降低膽固醇的效用。

黏呼呼高湯麵

採用山藥與秋葵兩種黏呼呼食材。
請仔細攪拌後再享用美食！

材料與作法　1人份

山藥—— 150g m（約10cm）
○使用工具 C 切成麵條狀

小黃瓜—— 30g（⅓根）

茄子—— 40g（約½根）

茗荷—— ½個

秋葵—— 1 根

醬油—— 1 又 ½ 大匙

醋—— 2 小匙

紫蘇籽（無可略）—— 1 根份量

1 小黃瓜、茄子、茗荷切末。秋葵汆燙
後，切成小圓片。

2 將1、醬油、醋放進缽碗裡，拌勻。

3 山藥麵條盛盤，淋上 2，再撒上紫蘇
籽即完成。

Cucumber Noodles Zaru Soba
竹簍小黃瓜麵

小黃瓜麵有了青紫蘇的調味讓口感更豐富。
就像享用道地的竹簍冷麵，讓人飽足又滿意。

材料與作法　1人份

小黃瓜——150g（約1又½根）
○使用工具 A 切成細麵狀

青紫蘇葉——2 片

薑泥——1 小匙

<芝麻醬>

白芝麻醬——2 大匙

白芝麻粉——1 大匙

沾麵醬（3倍濃縮）——約 2 大匙

玉米糖漿——1 小匙

水——60ml

1 小黃瓜麵條放進冰水裡浸泡，增加脆度，再置於簍子上面瀝去水分。青紫蘇葉切絲，拌入小黃瓜麵條中。

2 將芝麻醬材料放進缽碗裡拌勻備用。

3 將1及2分別盛入容器，擺上一碟薑泥即完成。

Chinese Yam Miso Soup
白味噌山藥湯麵

白味噌口感柔順甘甜，與口感黏稠的山藥相當速配！
吃了這碗湯麵整個人都暖和了。

材料與作法　1 人份

山藥——150g（約 10cm）
〇使用工具 C 切成麵條狀

豆皮——¼ 片（約 15g）
京都九條蔥——少許
高湯（參見 P80）——400ml
白味噌——100g
薄口醬油——適量

1 使用烤箱將豆皮表面烤出焦香味，再切成寬 1 公分條狀。九條蔥斜切成絲。

2 將高湯與白味噌放進小鍋子裡，使用攪拌器使其溶解。加入豆皮，開火加熱後嚐味道，覺得不夠鹹時，加入少許薄口醬油。

3 將山藥麵放進湯碗裡，淋上 2，擺上九條蔥絲即完成。

Radish Udon
白蘿蔔烏龍麵

剛煮好的白蘿蔔口感一級棒。
放涼了吃，白蘿蔔更入味，享受不同的美味。

材料與作法　1 人份

白蘿蔔——150g（細根 15～20cm）
○使用工具 C 切成麵條狀
高湯（參見 P80）——350ml
味醂——1 大匙
薄口醬油——1 大匙
鹽——1 匙
酸梅——1 顆
薄片昆布（或細絲昆布）——適量

1 白蘿蔔麵條快速汆燙，瀝去水分。

2 將高湯放進鍋子裡，開火煮滾後，加入味醂、薄口醬油、鹽、白蘿蔔麵條，煮約 1 分鐘。

3 盛於湯碗，擺上酸梅及昆布即完成。

Carrot Noodles with Tofu Starchy Sauce
滷豆腐紅蘿蔔麵（→P52）

Potato Noodles with Mushroom Starchy Sauce
滷鮮菇馬鈴薯麵（→P53）

Onion Noodles with Starchy Shrimp Sauce
紅燒蝦洋蔥麵（→P54）

Carrot Noodles with Tofu Starchy Sauce

滷豆腐紅蘿蔔麵

加了好多豆腐的日式滷菜。
突顯快炒的紅蘿蔔麵條口感。

材料與作法　1人份

紅蘿蔔——150g（約1根）
○使用工具A切成細麵狀

香油——1小匙

嫩豆腐——150g（約½塊）

鱈魚卵——20g（約⅕條）

＜滷豆腐＞

高湯（參見P80）——250ml

味醂——1大匙

薄口醬油——約1大匙

葛粉——3大匙
○可以太白粉2大匙代替

1 嫩豆腐切成大塊，置於簍子上瀝去水分〔如右下圖〕。鱈魚卵去皮，壓碎。倒香油於平底鍋，熱鍋後，放入紅蘿蔔麵條煎1分鐘，取出盛盤。

2 製作滷豆腐。取一小鍋倒入高湯、味醂、薄口醬油加熱拌勻，再舀出90ml熱湯，溶解葛粉。

3 將豆腐放進2的小鍋子裡，煮滾後加入葛粉水，使用木勺輕輕攪拌，熬煮至濃稠即熄火，加入鱈魚卵，以餘溫加熱。最後將湯汁淋上蔬菜麵即完成。

Memo

紅蘿蔔富含胡蘿蔔素（維生素A）。胡蘿蔔素以油烹調的話，可以提高吸收率。胡蘿蔔素能強化喉嚨及鼻子的黏膜功能，提高對抗細菌的免疫能力。

Potato Noodles with Mushroom Starchy Sauce
滷鮮菇馬鈴薯麵

有咬勁的馬鈴薯與濃稠滷汁真是天作之合！
因滷汁變軟的麵條呈現出與眾不同的美味。

材料與作法　1 人份

馬鈴薯（男爵品種、Shadow Queen 品種）
——各 75g（各約½個，若沒有 Shadow
Queen 品種，就使用 150g 的男爵品種。）
○使用工具 C 切成麵條狀。

炸油——適量

＜滷鮮菇＞

香菇——2 個

鴻喜菇——50g

舞菇——50g

高湯（參見 P80）——250ml

味醂——1 大匙

醬油——1 大匙

葛粉——3 大匙

○可以太白粉 2 大匙代替

1 香菇和鴻喜菇去蒂頭，切成適當大小。舞菇用手撕碎。馬鈴薯麵條以170℃的油溫油炸〔如右下圖〕，3～4分鐘後取出盛盤。

2 製作滷鮮菇。取一小鍋倒入高湯、味醂、醬油加熱拌勻，再舀出90ml熱湯溶解葛粉。

3 將香菇、鴻喜菇、舞菇放進2的鍋子裡，燉煮約3分鐘，加入葛粉水，使用木勺輕輕攪拌，熬煮至濃稠即熄火。最後將湯汁淋上蔬菜麵即完成。

Memo

Shadow Queen 品種的馬鈴薯是鮮麗的紫色。
即使加熱也會保留紫色，增添料理的色感。口
感像水煮馬鈴薯加地瓜，即使加熱維生素 C 也
不會被破壞，有預防感冒、保養肌膚的效果。

Onion Noodles with starchy Shrimp Sauce
紅燒蝦洋蔥麵

炸洋蔥時小心不要黏在炸鍋邊緣。
些微焦香的洋蔥香氣相當誘人。

材料與作法　1人份

洋蔥——150g（約 ¾ 個）
○讓纖維與切片器呈現垂直狀態切片

麵粉——2大匙

炸油——適量

＜紅燒蝦＞

蝦仁——50g（4～5尾）

高湯（參見 P80）——250ml

味醂——1大匙

薄口醬油——1大匙

酒——2大匙

葛粉——3大匙
○可以太白粉 2 大匙代替

薑汁——1小匙

1 洋蔥片使用廚房餐巾紙擦乾，均勻撒上麵粉。炸油加熱至170℃，放入洋蔥炸約5分鐘，炸至酥脆。

2 取一小鍋倒入高湯、味醂、薄口醬油加熱拌勻，再舀出90ml熱湯溶解葛粉。

3 蝦仁切成小塊狀。將酒和蝦仁放進小鍋煎〔如右下圖〕。加入2的高湯及薑汁，煮滾後加入2的葛粉水，使用木勺輕輕攪拌，熬煮至濃稠即熄火。

4 將1的洋蔥麵盛盤，淋上3即完成。

Memo

切洋蔥時，會釋放出硫化物成分，刺激眼睛及鼻子，讓人流淚。這個硫化物成分有淨化血液效果，可以預防血栓，又能促進膽固醇代謝，消除疲勞。

使用蔬菜皮或芯製作蔬菜高湯

製作蔬菜麵時，難免會剩下蔬菜的皮或梗芯。千萬不要把它們丟進垃圾桶裡，它們還可以用作他途。當你集滿雙手一杯份量的蔬菜皮或梗芯，就把它們放進鍋子裡，注入蓋過食材的水，以小火熬煮20分鐘。然後使用篩子篩濾，就完成充滿蔬菜鮮甜風味、並富含礦物質和植化素的蔬菜高湯。蔬菜高湯可以直接煮成湯，也可以加入咖哩塊，營造另一番田園風味的咖哩料理。請確認是有機蔬菜或低農藥蔬菜，再使用它們的外皮或梗芯熬煮高湯，這樣才能吃得更安心。

Vegetable Noodles Shabu Shabu

涮涮鍋蔬菜麵

這道涮涮鍋蔬菜麵可以品嚐多種蔬菜。
因為切成薄片，只要快速汆燙即可。

材料與作法　1人份

黃蘿蔔、白蘿蔔、牛蒡——各 50g

（如果沒有黃蘿蔔，使用紅蘿蔔亦可）

○使用刨刀刨成薄片狀

紅色大頭菜—— 50g（約½個）

○使用工具 D 切成麵條狀

涮涮鍋用牛肉片—— 100g

昆布—— 1 片（約 5*5 公分）

柚子醋醬、芝麻醬（市售品）

　——各適量

1 將 1 公升水及昆布放進鍋子裡，以中火煮滾，要滾沸前將昆布取出。

2 水滾後，加入蔬菜麵和牛肉片快速汆燙，食用時可沾柚子醋醬或芝麻醬提味。

Memo

紅色大頭菜外側是鮮紅色，裡面的果肉是白色。紅色成分含有花青素，花青素是一種多酚成分，具有優異的抗氧化效果，可以抗老化。

Green Papaya Chanpuru
沖繩風雜炒青木瓜

美味關鍵在於青木瓜的翻炒時間不能太久，
以保留青木瓜原有的爽脆口感。

材料與作法　1人份

青木瓜—— 150g（約½個）
○使用刨絲器刨絲
豬肉午餐肉—— 40g（約⅛罐）
○本書使用「SPAM」午餐肉。
紅蘿蔔—— 20g（約2cm）
洋蔥—— 30g（約⅙個）
青椒——½個
香油—— 2 小匙
蛋—— 1 顆
胡椒——少許
薄口醬油—— 1 小匙
柴魚片——適量
鹽——少許

1 青木瓜絲泡水去除澀味，再置於簍子上，瀝去水分。午餐肉和紅蘿蔔切成適當大小的短片狀，洋蔥逆紋切成條狀，青椒去籽和蒂頭，切絲。打蛋加少許鹽拌勻備用。

2 倒香油於平底鍋，鍋熱後，依序加入紅蘿蔔、洋蔥拌炒，炒好後置於鍋邊。將蛋液倒入空出來的空間，拌炒〔如右下圖〕。

3 蛋熟後，加入青椒和青木瓜，將鍋中全部食材快速拌炒，以胡椒、薄口醬油調味。

4 盛盤後，撒上柴魚片即完成。

Memo

青木瓜富含蛋白質分解酵素，有助於消化蛋白質，能提高代謝作用，達到減肥效果。青木瓜的多酚成分是紅酒的7.5倍，具有抗氧化作用，有抗老化效果。在切的時候，皮會讓人發癢，最好戴手套。

蒟蒻粉絲為食材

蒟蒻粉絲的原料是蒟蒻薯，絕對是麵食的好拍檔。蒟蒻粉絲本來就是麵條狀，可以直接使用，而且熱量很低，是非常討喜的食材。先汆燙後，再剪成適當長度，瀝去水分就可以烹調。

鴻喜菇魩仔魚義大利麵

材料與作法　1人份
倒**2小匙橄欖油**於平底鍋，放入撕碎的**鴻喜菇30g**，以中火拌炒。加入**少許蒜泥**、**2大匙魩仔魚**、**200g蒟蒻粉絲**，拌炒均勻後熄火，加入**½～1小匙柚子醋醬**及**1小匙薄口醬油**即完成。

肉味噌拌蒟蒻粉絲

材料與作法　1人份
½根小黃瓜切成薄圓片，加入**少許鹽**搓揉使其出水，瀝乾水分(a)。倒**½小匙香油**於平底鍋，加熱後，放入**200g蒟蒻粉絲**，以中火拌炒3分鐘。盛盤擺上a與**70g肉味噌**（參見P80）。

鮭魚酒粕醬湯

材料與作法　1人份
70g生鮭魚切成一口大小。**1根芹菜**切成長2公分條狀。將**40g酒粕**與**300ml高湯**（參見P80）放入小鍋子裡，使用攪拌器拌開後，開火加熱，放入**90g蒟蒻粉絲**與生鮭魚。水滾魚熟後，加入**1大匙薄口醬油**與**2小匙味噌**，熄火，再加入芹菜。

亞洲風味苦瓜豬肉麵

材料與作法　1人份
40g苦瓜縱切對半，使用湯匙挖籽，再切成薄片。**30g豬里肌肉**切成寬2公分片狀。將**1小匙酒**、**2小匙醬油**、**2小匙蠔油**拌勻(a)。倒**1小匙芥花油**於平底鍋，鍋熱後煎里肌肉。煎至金黃色，依序加入**½片薑絲**、苦瓜、**150g蒟蒻粉絲**、**¼個青椒**圓片拌炒。接著倒入a拌勻。

亞洲式蔬菜麵

中華麵或米粉、河粉等，都可以使用蔬菜麵
代替。乾麵湯麵皆可，可以有各種烹調方式。
想嚐嚐奇特蔬菜麵，務必要自己下廚挑戰一
下！

Crispy Potato Noodles

爽口馬鈴薯麵

可以品嚐到 May Queen 馬鈴薯的鬆脆感與天然鮮甜滋味。
調味簡單，更能突顯茼蒿的苦甜及香氣。

材料與作法　1人份

馬鈴薯（May Queen）──150g（約1個）
○使用切片器削成薄片，再用菜刀切絲

茼蒿葉──2枝

蟹肉（罐頭）──40g

A｜魚露──2小匙
　｜醋──1小匙
　｜香油──2小匙
　｜白胡椒──少許

1 馬鈴薯快速汆燙，擺在鋪了廚房紙巾的盤子上，瀝去水分〔如右下圖〕。

2 將 A 的材料放進缽碗裡拌勻，加入1、蟹肉、茼蒿葉，全部拌勻即完成。

Mema

May Queen 品種馬鈴薯外觀是細長蛋形，芽凹處較淺，皮光滑，削皮容易。肉質細嫩，加熱後口感綿密，但是不容易煮變形。富含維生素B群及維生素C，熱量又低，真是最佳減肥食材。

Vietnamese Style Soupless Noodles
越式拌麵

Potato Khao Soi
泰北馬鈴薯金麵

越式拌麵

清爽白蘿蔔麵搭配亞洲風味的炸物。
將炸物豪邁撕碎，跟麵拌在一起享用！

材料與作法　1人份

紅芯白蘿蔔——200g（約²⁄₅個）
○使用工具 C 切成麵條狀

蝦仁——50g

香菜——3枝

低筋麵粉——2小匙

炸油——適量

萊姆（或醋橘）——適量

鹽——少許

＜麵衣＞

低筋麵粉——20g

烘焙粉——⅛小匙

水——2大匙

＜醬汁＞

甜辣醬——1大匙

魚露——1大匙

醋——1小匙

1 紅芯白蘿蔔撒少許鹽，放置3分鐘使其出水後，用廚房紙巾擦乾盛盤備用。將麵衣及沾醬的食材各自拌勻備用。

2 蝦仁切丁，香菜切成1公分長，一起放入缽碗後，加入2小匙低筋麵粉拌勻，再將1的麵衣倒入〔如右下圖〕，讓麵衣裹滿食材。

3 碗中食材分成三等份，分別放入180℃的油鍋炸3分鐘。

4 在1的盤中擺上2，再淋上醬汁。食用時可擠點萊姆汁提味。

Potato Khao Soi

泰北馬鈴薯金麵

金麵是泰國北部的咖哩麵類料理。
男爵品種馬鈴薯口感爽脆，沾裹湯汁食用，享受兩種截然不同的口感。

材料與作法　1人份

馬鈴薯（男爵品種）—— 150g（約1個）
○使用工具 C 切成麵條狀

炸油——適量

紫洋蔥——$\frac{1}{6}$個

香菜——1枝

雞絞肉——50g

高菜漬（類似台灣的酸菜）（切末）
　——2大匙

蒜泥——少許

薑泥——少許

咖哩粉——約1小匙

芥花油——$\frac{1}{2}$小匙

A｜椰奶——200ml

　　魚露——1大匙

　　玉米糖漿——$\frac{1}{2}$小匙

1　馬鈴薯麵條使用170℃的炸油炸5分鐘，取出盛盤備用。紫洋蔥沿著纖維切薄片。香菜葉剝下備用，梗切碎。A的材料拌勻備用。

2　倒芥花油於鍋子裡，以中火炒雞絞肉。肉熟後，加入蒜泥、薑泥、紫洋蔥、香菜梗，再炒約1分鐘，加入咖哩粉炒香〔如右下圖〕。接著倒入A和高菜漬，煮至滾沸。

3　將2倒入小碗，撒上香菜葉，即可搭配馬鈴薯麵條享用。

Memo

為了紀念把這個男爵品種馬鈴薯引進北海道的函館川田龍吉男爵，所以取名為男爵薯。其特徵是外觀凹凸不平，芽的凹處很深。富含澱粉質，加熱後呈現鬆綿口感。

Radish Pho
白蘿蔔河粉

Green Papaya & Shijimi Clam Soup
蜆湯青木瓜麵

白蘿蔔河粉

帆立貝罐頭汁當高湯烹煮，非常簡單的美味河粉。
吸飽湯汁的白蘿蔔麵條真是人間美味。

材料與作法　1人份

白蘿蔔——150g（細根 15～20cm）

○使用工具 C 切成麵條狀

黃韭菜——20g（約3根）

紫洋蔥——20g

香菜——2 枝

A　水煮帆立貝罐頭——1 罐

　　（130g／固體部分65g）

　　水——300ml

　　魚露——1 大匙

　　胡椒——少許

檸檬片——2 片

1 黃韭菜切成長3公分條狀。紫洋蔥逆紋切薄片。香菜切成3公分段狀。

2 將A放進鍋子裡，以中火煮滾，加入白蘿蔔，以小火煮約2分鐘。

3 盛盤，擺上黃韭菜、紫洋蔥、檸檬片、香菜即完成。

Memo

白蘿蔔的辛味成分有抗氧化作用，對於幽門螺旋桿菌及大腸菌有殺菌效果。根部富含較多的辛味成分，愈往上面愈少，也沒有那麼辛辣。

Green Papaya & Shijimi Clam Soup

蜆湯青木瓜麵

口味清爽的蜆湯加入蔥香味，
可以同時享用湯的鮮甜及青木瓜的脆感。

材料與作法　1 人份

青木瓜——150g（約 ½ 個）
○使用刨絲器刨成麵條狀

青蔥——5cm

薑——½ 片

蜆——200g

酒——1 大匙

水——400ml

A | 魚露——1 大匙
　 | 鹽——1 把
　 | 胡椒——少許

香油——1 大匙

1 青木瓜泡水，去除澀味，置於簍子上瀝水。青蔥切末，薑切絲。

2 倒香油於鍋子裡，放入蔥末，以小火炒香後，加入蜆和酒快速拌炒，接著加水以中火熬煮，中途要撈浮渣。

3 待水滾後，加入 A 調味，加入青木瓜，待其再次煮滾後熄火。

4 盛盤，撒上薑絲即完成。

Chicken Chinese Cabbage Ramen

白菜雞肉拉麵

Chinese cabbage Noodles Chige Nabe
白菜麵泡菜鍋

Chicken Chinese Cabbage Ramen

白菜雞肉拉麵

平常扮演配角的白菜梗搖身一變為主角。
這是一道健康拉麵，就算一直加麵也沒問題。

材料與作法　1人份

白菜梗——300g（含葉子約2片）

雞肉——600g

鹽——2小匙

A　薑——1片

　　大蒜——1片

　　小魚乾——10g（5～7尾）

　　酒——2大匙

　　水——1000cc

磨碎的白芝麻——2大匙

香油——2小匙

1 使用菜刀將白菜梗切成粗絲。雞肉均勻抹上鹽，醃10分鐘。薑、大蒜切成薄片。

2 將A和雞肉放進鍋子裡，蓋上鍋蓋以小火煮1～2個小時。中途要開蓋撈除浮渣。

○如果有壓力鍋能節省料理時間。加壓後以小火加熱30分鐘。

3 將2煮好的湯使用篩子過篩〔如右下圖〕，再將清湯和雞肉放回鍋子續煮，水滾後，加少許鹽調味，再放入白菜，以小火煮約3分鐘，熄火。

4 盛盤，撒上芝麻、淋上香油即完成。

Chinese Cabbage Noodles Chige Nabe

白菜麵泡菜鍋

白菜麵條吸飽湯的鮮甜滋味，變得超級美味！
加了許多食材，絕對飽足。

材料與作法　1人份

白菜梗——150g（含葉子約1片）

韭菜——3根

里肌豬肉薄片——50g

蛤蜊——100g

酒——1大匙

蒜泥——少許

豆瓣醬——¼小匙～1小匙

水——400ml

味噌——2大匙

玉米糖漿——½大匙

香油——1大匙

1 使用菜刀將白菜梗切成粗絲。韭菜切成長3公分條狀，豬肉切成寬2公分片狀。

2 倒香油於鍋裡，鍋熱後放入豬肉，以中火拌炒。炒至變色後，加入蛤蜊、酒、蒜泥拌炒，再加入豆瓣醬和水燉煮。滾沸後，加入白菜、味噌、玉米糖漿，以小火煮約3分鐘。

3 熄火，盛盤，撒韭菜段即完成。

Memo

只使用白菜梗製作麵條，葉子部分可另作他用。將剩下的葉子放進保鮮袋裡，加入少許鹽，以及適量的昆布高湯、紅辣椒，將袋口封住、放置冰箱一晚，做成和風淺漬白菜。

金邊豆芽米粉

拔掉豆芽菜的鬚根，不僅外觀較美，口感也會更好。
請一定要實際感受看看！

材料與作法　1人份

豆芽菜——150g（約1袋）

韭菜——3根

蝦仁——30g

蒜泥——少許

蛋——1顆

豬油（或芥花油）——2小匙

蝦米——1大匙

鹽——少許

A｜魚露——1小匙
　｜玉米糖漿——¼小匙
　｜鹽——1小匙

花生——5個

香菜——1枝

萊姆片——⅛個

1 用手拔掉豆芽菜的鬚根（口感會比較好）。韭菜切成3公分長段。蝦仁使用少許鹽與蒜泥簡單醃漬。把蛋打入碗中加入少許鹽，打散備用。花生切碎。

2 倒豬油於平底鍋，鍋熱後放入蝦仁。炒至變色後，加入蛋汁炒熟。再放入豆芽菜、韭菜、蝦米，拌炒均勻後加入A調味。

3 盛盤，加入花生碎粒、香菜、萊姆片裝飾。

Memo

豆芽菜是黃豆或綠豆長出來的嫩芽。嫩芽除了豆類原有營養素，在發芽、成長的過程又會有其他新的營養素形成。富含鈣、鉀、維生素C等營養成分，而且熱量又低。這是一道非常健康的麵食。

肉味噌小黃瓜麵

可以品嚐小黃瓜及白蘿蔔兩種截然不同的麵條口感。
再沾裹香濃的肉味噌醬，天天吃也不會覺得膩。

材料與作法　1 人份

小黃瓜——100g（約 1 根）

○使用工具 A 切成細麵狀

紅芯白蘿蔔——50g（約 1/10 個）

○使用工具 A 切成細麵狀

肉味噌（參見 P80）——70g

紅辣椒絲——少許

1　小黃瓜麵條和紅芯白蘿蔔麵條泡水，增加脆感，再用廚房紙巾吸乾水分。

2　盛盤，擺上肉味噌，再擺紅辣椒絲裝飾。

Memo

小黃瓜 90％以上都是水分，具有清熱涼體效果。非常適合用來為因酷夏而熱呼呼的身體降溫。小黃瓜也含有鉀成分，有消除水腫的效果。此外，小黃瓜被證明含有脂肪分解酵素，是非常棒的減肥食材。

便利的湯品、高湯、味噌

蔬菜本身口味清淡，如果有味道略重的醬料，搭配起來便能增添許多滋味。蔬菜麵也適合使用湯汁快煮，如果隨時備有高湯，就可以輕易完成一道輕盈健康的餐點。請各位一定要多多利用這些便利的高湯和醬汁。

青醬

材料與作法 （完成品200ml）

將**20～30片羅勒葉**、**15枝細葉香芹**、**15枝蒔蘿葉**、約**150ml橄欖油**、去芽的**大蒜一瓣**、**½小匙鹽**放進食物調理機裡，攪成泥狀即可。

○攪拌不順的話，可以再加點橄欖油。攪拌好後裝進保鮮容器裡，冰箱冷藏保存期限兩週。

鯷魚醬

材料與作法 （完成品120ml）

40g大蒜（**5～6瓣**）去芽後，放進小鍋子裡，再加入**適量牛奶**，與食材高度一樣，以小火煮，煮約**15分鐘**，直至大蒜變軟。使用篩網過濾牛奶，大蒜再放回小鍋子裡。加入**50g鯷魚**（約**10片**）和**50ml橄欖油**，以小火煮，滾沸後熄火，冷卻備用（**a**）。將**a**和**15g奶油**放進攪拌機（或食物調理機，攪拌至柔滑泥狀）。

○使用保鮮容器盛裝，冰箱冷藏保存期限兩週。

高湯

材料與作法 （完成品480ml）

把**20g小魚乾**（**10～15尾**）和**1片高湯昆布**（寬4cm）放進瓶子裡，注入**水500ml**，放進冰箱冷藏一晚，再過濾。

○保存期限為三天。

肉味噌

材料與作法 （完成品約300g）

½根青蔥切蔥花。將**2大匙味醂**、**1大匙味噌**、**2大匙甜麵醬**、**1小匙醬油**拌勻備用（**a**）。**1大匙香油**、**少許辣椒**（**切成圓片**）、蔥花放進平底鍋裡，以中火炒**1分鐘**。加入**200g豬絞肉**，炒至變色，再加入**½小匙蒜泥**和**1小匙薑泥**，拌炒**1分鐘**。加入**a**，拌炒均勻，再視個人喜好加入**少許花椒**。

○使用保鮮容器盛裝，冰箱冷藏期限一週。

蔬菜常備小食

利用蔬菜麵的特色，再製作成新奇有趣的配菜。因為蔬菜切成薄片或切絲，很快就能加熱煮熟！還能利用蔬菜原有的美麗外觀，讓盛盤更吸引人！這個單元也會介紹適合派對或宴會的食譜。

Carrot & Mango Salad
芒果紅蘿蔔沙拉

每咬一口就能嚐到紅蘿蔔原有的美妙滋味。
芒果的鮮甜更是明顯。

材料與作法　1人份

紅蘿蔔（橘色、黃色）
　　——共 100g（各約 ⅔ 根）
○使用刨刀器刨成薄片

芒果乾——20g

A｜鹽　少許
　｜檸檬汁——2 小匙

橄欖油——1 又 ½ 大匙

細葉香芹葉——1 枝

1 芒果乾切絲。

2 將A放進缽碗裡拌勻，加入紅蘿蔔片和芒果乾絲，拌勻。

3 盛盤，淋橄欖油，撒細葉香芹葉。

Turnip & Apple Salad

大頭菜蘋果沙拉

以根莖類及水果為食材的沙拉口感滑順。
將紅色大頭菜切成麵條狀，比較容易吸飽醬汁，滋味更棒。

材料與作法　1人份

紅色大頭菜──150g（約1又½個）
○使用工具 C 切成麵條狀
蘋果──½個

＜法式沙拉醬＞
白酒醋──2小匙
芥末醬──1小匙
蜂蜜──½小匙
橄欖油──約1大匙
鹽──少許
蒔蘿葉──1枝

1 蘋果削皮，去籽，再使用菜刀切成條狀〔如右下圖〕。

2 將法式沙拉醬的材料放進缽碗裡，使用攪拌器拌勻。

3 再將蘋果及大頭菜麵條放進另一個缽碗裡，淋上2的沙拉醬，拌勻即完成。

Zucchini Noodles Rolls

生火腿櫛瓜起司捲

莫扎瑞拉起司的柔滑口感與櫛瓜的爽脆口感真是絕配。
醬汁將兩種食材的口感清楚呈現。

材料與作法　5人份

櫛瓜——50g（約¼個）
○使用切片器切成 5 片薄片
莫扎瑞拉起司——70g
生火腿——2～3片
青醬（參見 P80）——1 大匙
鹽——少許

1 取一平盤，將青醬隨意鋪於盤底。

2 將莫扎瑞拉起司、生火腿分成五等份。以火腿包裹起司，最外層再用櫛瓜捲起，然後插入牙籤固定。（捲的時候盡量讓火腿露出，可提升視覺美感）

3 將捲好的櫛瓜捲擺在 1 的上面，隨意撒上些許鹽即完成。

Crispy Vegetable Salad
爽脆蔬菜沙拉

根莖類蔬菜炸物與爽脆的京水菜共譜出這道有嚼勁的美味沙拉。
讓人驚豔的沙拉醬更有加分的效果。

材料與作法　1人份

紅蘿蔔、牛蒡──各 50g（各約⅓根）
○使用菜刀切絲。

京水菜── 100g（約½束）

炸油──適量

＜山葵醬＞

山葵──½ 小匙

醬油── 2 小匙

橄欖油── 2 小匙

醋── 1 大匙

1 京水菜切成長4公分的段狀。將山葵醬材料放進缽碗裡，拌勻。

2 使用170℃的炸油炸紅蘿蔔及牛蒡，5分鐘後取出。

3 將2和京水菜放進裝1的缽碗裡，快速拌勻即完成。

Bouquet Salad Summer Roll
生春卷沙拉花束

利用色彩繽紛的蔬菜來裝飾花束生春捲。
牛肉汆燙涮一下，清爽又健康。

材料與作法　4人份

小黃瓜、胡桃南瓜、紅色大頭菜——
各 20g
○使用切片器切成片狀，再用菜刀切絲
○沒有胡桃南瓜，可用甜椒代替，切成細絲

火鍋牛肉片—— 40g

酒—— 1 大匙

生春捲皮—— 4 片

萵苣、紅葉萵苣——共 4 片

＜魚露醬＞

魚露—— 1 大匙

甜辣醬—— 1 小匙

萊姆汁—— 1 小匙

＜優格醬＞

原味優格—— 2 大匙

蒜泥、鹽——各少許

橄欖油—— 1 大匙

＜芝麻醬＞

醬油—— 2 大匙

香油、白芝麻粉、醋——各 1 小匙

1 小黃瓜絲、胡桃南瓜絲、紅色大頭菜絲浸泡冷水，保留爽脆口感，置於簍子上瀝水。每種醬汁的材料各放進容器裡，拌勻備用。

2 倒 1 公升水於鍋子裡，水滾後加入酒，將牛肉片快速放進熱水中涮一下，再放進冰水裡冰鎮。涮好的肉片放在簍子上，瀝去水分，使用廚房紙巾擦乾。

3 生春捲皮過一下水，置於乾淨的棉布上，對折。再擺上胡桃南瓜絲、紅色大頭菜絲、牛肉片，像捲可麗餅那樣，從邊端捲成圓錐形，最外層再使用萵苣葉包住。視個人喜好淋上喜歡的醬汁食用。

Memo

胡桃南瓜原產地是美國。進年也引進亞洲。胡桃南瓜表面光滑，形似葫蘆，散發出胡桃的香氣，纖維質少，果肉綿密。種籽在下面較膨的部位。

Potato Spanish Omelette
西班牙式馬鈴薯烘蛋

散發出迷人百里香香氣且配料豐富的烘蛋。
馬鈴薯絲能在短時間內就煮熟。

材料與作法　直徑15cm平底鍋的份量

馬鈴薯（男爵 & Shadow Queen）

　　──各 50g（各約⅓個）

○使用工具 A 切成細麵狀

蛋──3 顆

鹽──¼ 小匙

胡椒──少許

百里香葉──1 枝

披薩用起司──10g

奶油──1 大匙

1 取一碗將3顆蛋打散，加入鹽、胡椒、百里香葉、起司，拌勻備用。

2 奶油放進平底鍋，鍋熱後再放入馬鈴薯絲，以中火拌炒。當全部馬鈴薯都沾裹上奶油後，再倒入 1，使用橡膠鍋鏟輕輕攪拌，直到馬鈴薯呈現半透明。

3 將平底鍋放進已預熱至200℃的烤箱烤10分鐘。

　○請使用可以直接放進烤箱的平底鍋。如果沒有，作法2請先將馬鈴薯炒熟，呈現透明狀時再倒入蛋液，並轉小火烘煮約5分鐘。

Vegetable Noodles Bagel Sandwitch

蔬菜貝果三明治

加了許多蔬菜的健康三明治。

將燻鮭魚切成細條狀，裹著蔬菜一起品嚐。

材料與作法　1人份

紫洋蔥——20g（約⅛個）

○使用切片器切成圓片

小黃瓜——30g（約⅓根）

○使用工具 A 切成細麵狀

燻鮭魚——30g

蒔蘿葉——⅓枝

貝果——1 個

奶油起司——30g

橄欖油——1 小匙

1 紫洋蔥和小黃瓜分別浸泡冷水 5 分鐘，增加爽脆感，再置於簍子上，瀝去水分。

2 燻鮭魚切成長條狀，放進缽碗裡，加入小黃瓜及蒔蘿葉，拌勻。

3 貝果對半橫切。下半部切口塗奶油起司，擺上紫洋蔥及 2〔如右下圖〕，淋些許橄欖油，再蓋上上半部貝果即完成。

櫛瓜鮭魚塔

把煮軟的櫛瓜當成容器，盛裝鮭魚。
最適合當成宴客料理。

材料與作法　1人份

櫛瓜——50g（約¼根）
○使用切片器切成薄片

鮭魚（生魚片用）——50g

鹽——少許

A｜紫洋蔥（切細丁）——1 大匙
　｜橄欖油——1 小匙
　｜鹽、胡椒——各少許

蒔蘿葉——1 枝

檸檬片——2 片

橄欖油——1 大匙

1 煮一鍋熱水加鹽，將櫛瓜片放入煮 3 分鐘至變軟。瀝去水分後，再用廚房紙巾擦乾。

2 鮭魚切成細條狀，放進缽碗裡，加入 A 拌勻。

3 櫛瓜捲成直徑 3 公分的圓形，放在盤子上〔如右下圖〕，將 2 放在圓的中心點，再擺上蒔蘿葉及檸檬片裝飾，最後淋上橄欖油。

Vegetable Terrine
法式蔬菜凍

色彩鮮豔的蔬菜凍讓人看了忍不住發出歡呼聲。
可以確實品嚐到每種蔬菜的原始口感。

材料與作法 6×20×8cm的磅蛋糕模型1個

紫高麗菜、高麗菜——各180g
○使用菜刀切成絲狀

甜椒（紅色、黃色）——各3個

岡羊栖菜——1袋（約80g）

綠蘆筍——140g（約7根）

鹽——少許

A｜雞高湯——600ml（使用2大匙雞湯粉煮成）

　｜洋菜——3g

鯷魚醬（參見P80）——適量

1 紫高麗菜和高麗菜分別撒少許鹽，用手搓揉，出水後，把水瀝乾。

2 甜椒使用網子火烤，烤至表面微焦，再沖冷水冷卻去皮。對半縱切，去蒂頭去籽後，切成細條。

3 汆燙岡羊栖菜、綠蘆筍，取出後置於簍子上瀝乾。綠蘆筍縱切成長條狀。

4 磅蛋糕模型鋪上烘焙紙，依序鋪上紫高麗菜、紅甜椒、黃甜椒、綠蘆筍、岡羊栖菜、高麗菜〔如右下圖〕。

5 將A倒入鍋中拌勻，開火加熱，水快滾前拿開鍋子。待其冷卻備用。倒入4裡，放冰箱冷藏6個小時，冷卻凝固。

6 從模型取出，分切盛盤，搭配鯷魚醬即完成。

Memo

洋菜相當於吉利丁或寒天，都是用於凝固的食材，其口感介於吉利丁與寒天之間。透明度佳，可以襯托出食材原有的顏色。於常溫下不容易溶解（60℃以上），所以不會滴液，可保持食材原形。

Green Onion Korean Pancake

海鮮煎餅

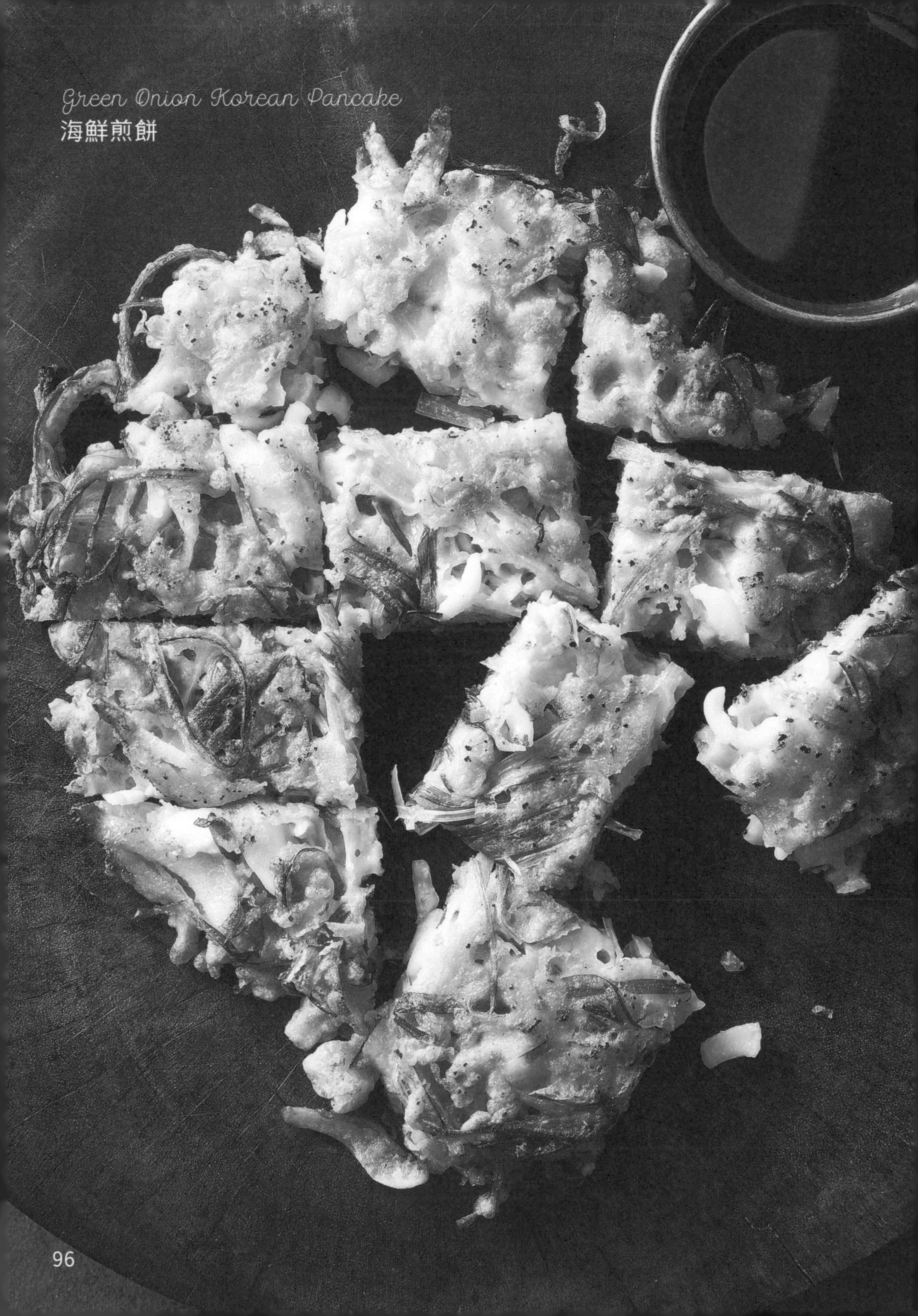

Burdock Balsamic Stir-Fry

義大利醋炒牛蒡

海鮮煎餅

九條蔥、墨魚、麵衣所譜成的三個層次的香氣，讓人一吃就上癮。
使用較多的油煎燒，才能襯出酥香味。

材料與作法　1人份

京都九條蔥──50g（1～2根）

○使用菜刀切成長 10 公分絲狀

墨魚條（生魚片用）──50g

香油──3 大匙

＜麵糊＞

低筋麵粉──100g

蛋──1 個

水──120ml

＜沾醬＞

醋──2 小匙

醬油──2 小匙

1 麵衣及沾醬的材料各自拌勻。

2 將九條蔥、墨魚、麵糊放進缽碗裡拌勻〔如右下圖〕。倒香油於平底鍋，鍋熱後倒入麵糊，一面煎至金黃色後翻面，另一面也一樣煎至金黃色後取出。

3 切成適當大小，盛盤，擺上沾醬即完成。

Memo

九條蔥是京都蔬菜之一。口感柔嫩鮮甜，葉子內側有黏液。當氣候愈酷寒，每逢霜降時，黏液量就會變多，口感更鮮甜。富含維生素及微量礦物質，是非常健康的蔬菜，值得多加利用。

義大利醋炒牛蒡

牛蒡香氣加上熬煮過的巴薩米可醋鮮甜味，堪稱絕品。
務必仔細咀嚼，才能品嚐到牛蒡的甜味。

材料與作法　1 人份

牛蒡——150g（約 1 根）

○切成長 10 公分的長段，再使用切片器切成
　薄片

培根——50g（約 2 片）

紅辣椒（切圓片）——少許

橄欖油——1 小匙

巴薩米可醋——2 大匙

鹽——¼ 小匙

黑胡椒粗粒——少許

1 培根切成寬 1 公分丁狀。

2 將橄欖油、紅辣椒、培根放進平底鍋
裡，以中火煎炒至培根微焦，加入牛
蒡，持續拌炒約 3 分鐘。最後加入巴
薩米可醋及鹽，燉煮至湯汁收乾。

3 盛盤，撒黑胡椒粗粒即完成。

Memo

牛蒡富含膳食纖維及多酚成分，具有回春及排毒效
果。也有利尿作用，可以消除水腫。因為有特有澀味，
可以先泡水再使用。

Bonito Carpaccio
薄切鰹魚生魚片

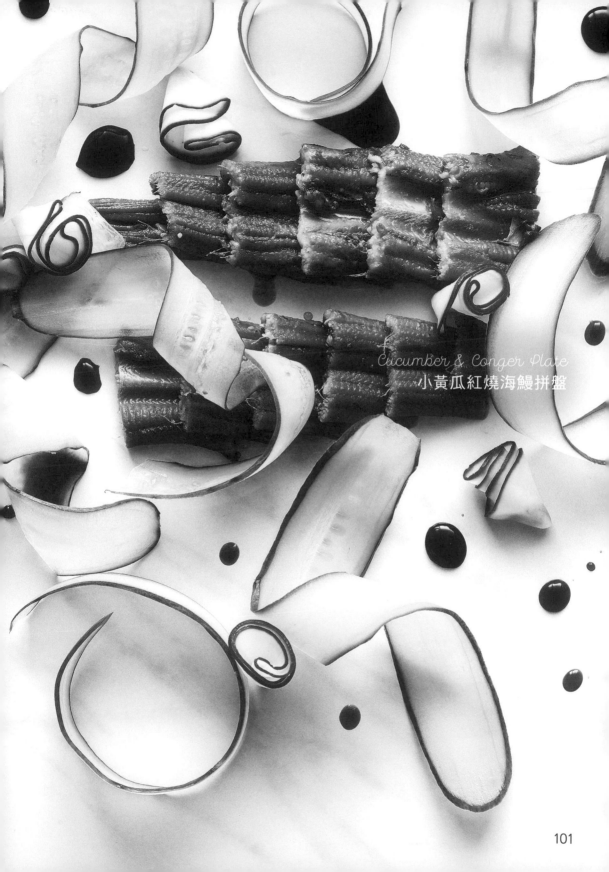

Cucumber & Conger Plate
小黃瓜紅燒海鰻拼盤

薄切鰹魚生魚片

突顯紅芯白蘿蔔的紅色之美。
也可以使用生魚片的鮪魚或鰤魚代替鰹魚。

材料與作法　1人份

紅芯白蘿蔔——50g（約 1/10 個）

〇使用刨刀器刨成薄片

紫高麗菜苗——1/2 袋

炙燒鰹魚生魚片——70g

鹽——少許

＜醬汁＞

紅酒醋——2 小匙

醬油——1 大匙

芥末醬——1/2 小匙

橄欖油——約 2 大匙

1 將醬汁材料放入缽碗拌勻。炙燒鰹魚片切成薄片，擺盤，撒上些許鹽。

2 在生魚片上方散放紅芯白蘿蔔片，營造立體視覺感〔如右下圖〕。再隨意撒上紫高麗菜苗、淋上醬汁即完成。

Cucumber & Conger Plate
小黃瓜紅燒海鰻拼盤

類似捲壽司的造型，視覺感非常漂亮。
把容器當成畫布，擺盤要擺出時尚感。

材料與作法　1人份

小黃瓜——50g（約½根）
○使用刨刀器刨成薄片

紅色大頭菜——3片
○使用切片器切成圓片

生海鰻（切片）——1尾

山椒粉（可略）——適量

鹽——少許

＜滷汁＞

水——250ml

酒——2大匙

玉米糖漿——2大匙

醬油——2大匙

1 海鰻兩面澆淋熱水，洗去黏液，再切成適合放進鍋子裡的長度。

2 將滷汁材料放進鍋子裡，開火煮滾後，放入1，蓋上鍋蓋，以小火燜煮約15分鐘。

3 取出海鰻，切成一口大小，盛盤。小黃瓜扭成緞帶狀，擺盤〔如下圖1〕，紅色大頭菜撒上少許鹽，靜置1分鐘變軟，像可麗餅那樣捲起來〔如下圖2〕，穿插在小黃瓜的縫隙之間。

4 將2剩下的滷汁熬煮至濃稠，淋於3的海鰻上，撒山椒粉。食用時以小黃瓜包裹海鰻搭配入口。

○可使用市售的滷海鰻或蒲燒海鰻，步驟更簡單。只要將附贈的醬汁加點水稀釋，熬煮至呈現濃稠狀，淋上海鰻即可。

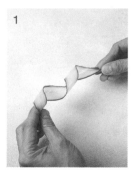

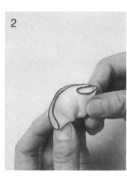

Colorful Taco
五彩繽紛墨西哥夾餅

裝入大量蔬菜絲,就是美味的關鍵。

先切成薄片,再切絲,每根蔬菜都是相同的粗細寬度,增添擺盤的美感。

材料與作法　4個份量

小黃瓜、紫紅蘿蔔——各 30g

（如果沒有紫紅蘿蔔,使用一般的紅蘿蔔亦可）

○使用切片器切成薄片,再用菜刀切絲

櫻桃蘿蔔——60g（3～5個）

○使用切片器切成薄片,再用菜刀切絲

酪梨——½個

檸檬汁——½小匙

墨西哥夾餅餅皮——4 片

○本書使用較硬的玉米餅皮。也可以使用柔
　軟的麵粉餅皮。

披薩用起司——20g

莎莎醬（市售品）——適量

＜番茄肉醬＞

豬絞肉——150g

洋蔥（切末）——100g（約½個）

大蒜（切末）——½瓣

橄欖油——1 小匙

鹽——½小匙

辣椒粉——2 小匙

番茄泥——2 小匙

Memo

平常在店裡最常見的是富含胡蘿蔔素的「橘色紅
蘿蔔」。但其實紅蘿蔔也有各種顏色和形狀。「黃
色紅蘿蔔」的形狀從長錐形到細長形都有。而「紫
色紅蘿蔔」所含的花素成分有抗氧化作用。

1 小黃瓜絲、紫紅蘿蔔絲、櫻桃蘿蔔絲分別泡冷水,增加爽脆感,再置於簍子上,瀝乾水分。

2 製作番茄肉醬。將橄欖油和大蒜倒進平底鍋裡,以小火將大蒜炒香,再加入洋蔥、炒至透明狀。加入豬絞肉,以中火炒至變色後,加鹽和辣椒粉,炒1分鐘。最後加入番茄泥,邊攪拌邊炒約2分鐘。

3 酪梨去皮及籽,放進缽碗裡,加入檸檬汁,使用叉子攪拌拌勻。

4 依序將2、起司、1放入餅皮中〔如下圖〕,再搭配酪梨醬及莎莎醬食用。

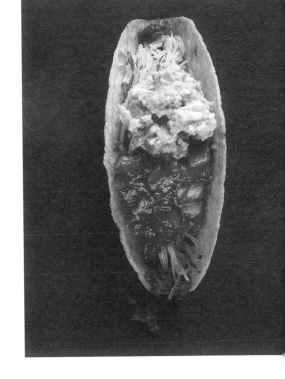

Sweet Potato Galette
地瓜烘餅

Colorful Inari
彩色豆皮壽司

Sweet Potato Galette

地瓜甜餅

加了奶油煎烤的地瓜真是人間美味。
美酒的甘甜滋味更像在品嚐甜點。

材料與作法　4個份量

地瓜、紅地瓜──各 50g

（如果沒有紅地瓜，使用一般地瓜 100g）

○各使用工具 C 切成麵條狀

低筋麵粉──2 小匙

葡萄乾──5g

蘭姆酒──1 小匙

奶油起司──30g

糖粉──5g

奶油──20g

肉桂粉──適量

1 將葡萄乾和蘭姆酒放進缽碗裡，稍微浸泡過後，加入奶油起司和糖粉，使用橡膠刮刀拌勻。

2 將地瓜麵和紅地瓜麵浸泡於清水，約5分鐘，取出擦乾水分，再放進缽碗裡，撒上低筋麵粉，均勻裹粉。

3 將奶油放進平底鍋裡，以小火加熱，將2分成4等份，每份簡單抓捏成圓形後，下鍋煎煮約3分鐘（如右下圖），翻面後再煎3分鐘。

4 盛盤後，將1擠在每一份正中央，再撒些許肉桂粉即完成。

Colorful Inari
彩色豆皮壽司

飯量減半並搭配豐富蔬菜麵，
讓單調的豆皮因蔬菜而變得多彩繽紛。

材料與作法　8個份量

紅蘿蔔、小黃瓜——各 50g

○使用切片器切成薄片，再用菜刀切絲

＜滷豆皮＞

市售炸豆皮——4 片

高湯（參見 P80）—— 300ml

玉米糖漿——1 大匙

醬油——2 大匙

味醂——1 大匙

溫飯—— 320g

肉味噌（參見 P80）—— 50g

球芽甘藍——少許

紅色越南香菜（可略）——少許

1 製作滷豆皮。將豆皮切成二等份，快速汆燙去除油味。接著將高湯和豆皮放進鍋子裡，煮滾後，加入剩下的材料，蓋上鍋蓋，以小火滷 30 分鐘。取出靜置冷卻。

2 肉味噌拌入飯裡，分成八等份，握成圓形，塞進1裡。

3 小黃瓜絲和紅蘿蔔絲浸泡冷水，增加爽脆感，置於簍子上，瀝去水分。其中 4 份豆皮包入小黃瓜絲和球芽甘藍，剩下 4 份包入紅蘿蔔絲和紅色越南香菜。

麵的多重宇宙!：49道用蔬菜製成的零
極限偽麵條料理/村山由紀子作；黃瓊
仙譯. -- 二版. -- 臺北市：時報文化出版
企業股份有限公司, 2023.05
　　譯自：ベジヌードル：ヘルシーにやせ
　　　　るグルテンフリーの野菜めん
　　ISBN 978-626-353-708-8(平裝)
　　1. CST：蔬菜食譜　　2. CST：麵食食譜
　　　　　　　　　427. 3　　112004643

麵的多重宇宙!

49道用蔬菜製成的零極限偽麵條料理

作　　者／村山由紀子
譯　　者／黃瓊仙
主　　編／林巧涵
責任企劃／蔡雨庭
美術設計／高郁雯
內頁排版／藍天圖物宣字社

第五編輯部總監／梁芳春
董 事 長／趙政岷
出 版 者／時報文化出版企業股份有限公司
　　　　　　108019 台北市和平西路三段240 號7 樓
發行專線／（02）2306-6842
讀者服務專線／ 0800-231-705、（02）2304-7103
讀者服務傳真／（02）2304-6858
郵　　撥／ 1934-4724 時報文化出版公司
信　　箱／10899臺北華江橋郵局第99信箱
時報悅讀網／ www.readingtimes.com.tw
電子郵件信箱／ books@readingtimes.com.tw
法律顧問／理律法律事務所 陳長文律師、李念祖律師
印　　刷／和楹印刷有限公司
二版一刷／ 2023 年5月12 日
定　　價／新台幣320元

時報文化出版公司成立於一九七五年，並於一九九九年股票上櫃公開發行，
於二〇〇八年脫離中時集團非屬旺中，以「尊重智慧與創意的文化事業」為信念。

VEGENOODLE HEALTHY NI YASERU GLUTEN FREE NO YASAI MEN by Yukiko Murayama
Copyright © 2017 Yukiko Murayama
All rights reserved.
Original Japanese edition published by SHUFU-TO-SEIKATSU SHA LTD., Tokyo.

This Complex Chinese language edition is published by arrangement with SHUFU-TO-
SEIKATSU SHA LTD., Tokyo in care of Tuttle-Mori Agency, Inc., Tokyo through Keio Cultural
Enterprise Co., Ltd., New Taipei City.